AF371140

ASSOCIATION FRANÇAISE
pour le Développement des Travaux Publics
Constituée conformément à la loi de 1901

4e CONGRÈS NATIONAL DES TRAVAUX PUBLICS FRANÇAIS
à PARIS, les 18, 19 & 20 Novembre 1912

1re SECTION

PORTS

RAPPORT D'ENSEMBLE

PAR

M. A. MAURY

Ingénieur des Arts et Manufactures

Président de la 1re Section

SIÈGE SOCIAL
EN L'HOTEL DES INGÉNIEURS CIVILS
19, Rue Blanche, 19

SECRÉTARIAT ADMINISTRATIF
35, Rue Le Peletier, 35
PARIS

ASSOCIATION FRANÇAISE
POUR LE DÉVELOPPEMENT DES TRAVAUX PUBLICS
Constituée conformément à la loi de 1901

Président

M. Ch. PREVET, ancien Sénateur.

Vice-Présidents

M. BAUDIN, Ancien Ministre des Travaux publics.

M. GROSELIER, ancien Président du Syndicat professionnel des Entrepreneurs de Travaux Publics de France.

M. MILLERAND, Ministre de la Guerre, ancien Ministre du Commerce et des Travaux Publics

M. BERTIN, membre de l'Académie des Sciences.

Secrétaire général

M. J IIERSENT, Entrepreneur de Travaux maritimes.

Secrétaire trésorier

M. E. BOURDONNAY, Directeur du *Journal des Travaux publics.*

Secrétaire

M. GALLOTTI, Ingénieur civil.

Rapporteur général

M. le Lieutenant-Colonel ESPITALLIER.

1re section : Ports

M. MAURY, Ingénieur civil, Président.

M. QUELLENEC, Ingénieur en chef des Ponts-et-Chaussées, Vice-Président.

2e section : Voies navigables

M. MALLET, Ingénieur civil, Président.

M. ALBY, Ingénieur en chef des Ponts-et-Chaussées, Vice-Président.

3e section : Chemins de Fer et Voies de Communication

M. DUPORTAL, Président, Inspecteur Général des Ponts et Chaussées en retraite.

M. BARBET, Ingénieur civil, Vice-Président.

4e section : Utilisation des Eaux et Hygiène

M. DUMONT, ancien Président de la Société des Ingénieurs Civils, Président·

M. CHARDON, Ingénieur civil, Vice-Président.

5e section : Entreprises d'utilité publique

M. SIBILLE, Député, Président.

M. le Comte d'Agoult, Vice-Président, ancien Député.

RAPPORT D'ENSEMBLE

Par M. A. MAURY

Ingénieur des Arts et Manufactures, Président de la Iʳᵉ Section

Les questions inscrites à l'ordre du jour de la 1ʳᵉ section, peuvent être classées en deux groupes :

1ᵉʳ Groupe. — Questions intéressant un port en particulier (Fascicules n° 1 à 7 et fascicule spécial participant des sections 1,3 et 5).

2ᵉ Groupe. — Questions d'ordre général (Fasc. 8 et 9).

L'Association Française pour le développement des Travaux Publics a publié celles des communications qui lui sont parvenues en temps utile, sauf une notice sur le port de Caen dont nous donnons ci-dessous le résumé.

Voici d'ailleurs, l'analyse de chacune des questions dans l'ordre où elles ont été classées pour la facilité d'exécution des fascicules.

LE HAVRE (Fasc. 1). — Deux questions intéressant au plus haut point le port du Havre ont été inscrites à l'ordre du jour du Congrès : Le Havre port d'escale et la création d'une rade-abri.

M. Laporte, docteur en droit, a traité la première question, au nom de la Chambre de Commerce; M. Boulle, ingénieur en chef des ponts et chaussées, a traité la seconde. Enfin, M. Groslous, ingénieur en chef conseil de la Compagnie Générale Transatlantique exprime les désiderata de cette dernière compagnie.

Le Havre port d'escale. — M. Laporte considère que le mouvement d'escale crééerait au Havre des courants commerciaux susceptibles de dériver à notre profit une partie du trafic qui va actuellement à nos voisins et particulièrement à Anvers.

Deux causes s'opposent au développement des opérations d'escale au Havre; l'insuffisance de profondeur du chenal d'entrée, qui vient seulement d'être dragué à la cote (-6ᵐ) en 1912, et l'élévation exagérée des droits de pilotage.

Il y a donc lieu d'exécuter immédiatement les dragages nécessaires pour permettre l'accès des navires de moyen et de grand tonnage à toute heure de marée et, d'autre part, de réorganiser le service du pilotage suivant les besoins de la navigation moderne, en abaissant les taxes correspondantes.

Création d'une rade-abri. — Dans une note très concise, M. Boulle montre la nécessité de compléter les travaux en cours par l'exécution d'un endiguement de la petite rade. La rade-abri, ainsi formée, permettrait de recevoir au Havre à toute heure et par tous les temps les plus gros navires. Elle offrirait aussi à notre flotte de guerre, un abri sûr que les hautes autorités de la Marine ont déjà envisagé. Sa construction n'offrirait d'ailleurs aucune difficulté, puisqu'il suffirait de suivre les assises, que la nature a elle même tracée, par une ceinture de hauts forts qui limitent la petite rade.

Il y a lieu également de considérer que la rade-abri rendrait très aisé le maintien des dragages, des passes d'entrée, et que le problème des escales se trouverait par là même résolu.

L'Association Française pour le développement des Travaux publics a toujours considéré la création d'une rade-abri comme indispensable, et il est à désirer que les Pouvoirs publics veuillent bien prendre cette question en considération et accorder une subvention spéciale, en raison de l'utilité considérable que la rade-abri présenterait à la Marine de guerre.

Désiderata de la Compagnie Générale Transatlantique. — La note brève de M. Groslous peut se résumer à ceci : Les travaux actuels doivent être poussés avec activité; mais, en même temps, il est absolument urgent qu'on les complète par l'approfondissement, à la cote (-12^m) des passes d'entrée, de façon à permettre à toute heure l'accès des nouveaux quais de marée.

Nous constatons que les fonds de (-12^m) sont nécessaires à la navigation moderne, aussi ne saurions-nous laisser plus longtemps **notre** grand port transatlantique dans cet état d'infériorité par rapport à New-York et à un grand nombre de ports européens.

MARSEILLE. (Fasc. 2). — Suivant la loi générale, le trafic de Marseille a augmenté dans des proportions telles que les installations du port sont devenues tout à fait insuffisantes. Si la progression du mouvement, constatée dans ces dernières années, continue, la situation va devenir critique : Avant dix ans, le trafic annuel aura atteint 1 000 tonnes par mètre courant de quai utilisable, alors que le chiffre de 600 et 700 tonnes est considéré comme très élevé, pour un port parfaitement outillé et commode — ce qui n'est pas le cas de Marseille.

Les travaux du bassin de la Madrague n'apportent aucun remède à cette insuffisance puisqu'ils ne seront achevés que vers 1922. Il faut donc trouver une autre solution et la mettre en œuvre dès maintenant.

L'administration du Port y a songé, nous sommes heureux de le constater, elle a cherché à devancer les événements en étudiant des projets d'extension, tant au nord qu'au sud des bassins actuels.

Les extensions du Nord sont subordonnées à l'achèvement du bassin de la Madrague; celles du Sud, comprenant un bassin au large de la jetée, devant le bassin de la Joliette, auraient l'avantage de pouvoir être commencées immédiatement.

Cette situation du port de Marseille nous est exposée très nettement dans les deux communications de M. Alby, ingénieur en chef des Ponts et Chaussées et de M. Daher, armateur

M. Alby conclut que les travaux du bassin projeté par l'administration au large de la jetée devant la Joliette, doivent être commencés sans délai; cela ne fait aucun doute.

Cependant, tous les efforts risqueront d'aboutir trop tard, si les formalités administratives sont aussi longues que par le passé: aussi M. Daher se demande pourquoi le Gouvernement n'aurait pas recours à une organisation autonome analogue à la Junta du port de Barcelone.

De ces deux rapports, il ressort que seule une administration autonome, pouvant recourir à l'initiative et aux capitaux privés, permettrait de réaliser rapidement les travaux nécessaires à la vie de notre grand port méditerranéen.

Bordeaux. - M. Daniel Guestier, Président de la Chambre de Commerce de Bordeaux, présente au Congrès une communication relative aux extensions de ce port.

Il expose d'abord les difficultés rencontrées dans l'élaboration du projet d'ensemble des améliorations nécessaires pour pourvoir aux nécessités du présent et, dans une large mesure, à celles de l'avenir.

Avant de prendre une décision sur cette question capitale, la Chambre de Commerce, sans méconnaître la science bien connue des Ingénieurs de l'Administration, résolut de ne rien négliger pour chercher la meilleure solution du problème. Dans ce but, elle organisa un concours auquel participèrent les techniciens les plus autorisés.

Le programme tracé aux concurrents comprenait les grandes lignes suivantes :

1° Création à l'embouchure de la Gironde d'un port d'escale, accessible en tou temps aux navires de 12 m. de tirant d'eau;

2° Approfondissement d'un chenal, dans la Gironde, pour permettre l'accès à Bordeaux, des navires calant 8 m. 50;

3° Extension des quais de Bordeaux dont la longueur devra être quadruplée et création de 6 postes d'amarrage nouveaux sur la rive droite.

Plusieurs concurrents répondirent à l'appel de la Chambre de Commerce : parmi eux MM. J. et G. Hersent, d'une part ; la Société de Construction des Batignolles, et MM. Loste et Cie, d'autre part eurent *ex-æquo, le premier prix.*

Ce concours eut pour résultat d'éclairer la Chambre de Commerce sur les avantages de nombreuses solutions possibles. — Un programme d'ensemble fut alors élaboré par l'Administration, d'accord avec la Chambre de Commerce, et déclaré d'utilité publique par la loi du 15 juillet 1910. — Ce programme comprend :

1° L'approfondissement des passes du fleuve, en aval de Bordeaux;

2° La transformation et le prolongement des anciens quais en rivière sur la rive gauche, l'agrandissement du bassin à flot n° 2, par la construction d'un canal maritime débouchant à hauteur de Grattequina, ainsi que des travaux accessoires parmi lesquels l'allongement à 175 m. de la forme n° 1:

3° Le rachat des appontements de Pauillac.

4° La création d'une station d'escale au Verdon.

Le montant total des dépenses prévues serait de 136 millions et demi, dont 80 millions à engager immédiatement et 56 millions et demi à engager ultérieurement pour la construction des quatre dernières darses du bassin à flot et d'une forme de radoub.

Il y a lieu de féliciter la Chambre de Commerce de son heureuse initiative et de souhaiter la réalisation rapide de ces travaux qui amélioreront d'une façon notable les conditions d'exploitation du port et permettront à la grande ville du Sud-Ouest d'envisager avec confiance les luttes commerciales futures.

BOULOGNE (Fasc. 4). — M. FARJON, Président de la Chambre de Commerce de Boulogne, présente un exposé des projets d'amélioration du port et des travaux en cours d'exécution.

Pour tous ces grands travaux, l'État et la Chambre de Commerce participent également; la ville de Boulogne fournissant aussi sa part contributive sous forme d'abandon de droits d'octroi.

Les plus fortes dépenses prévues concernent les services des voyageurs : service avec l'Angleterre et service transatlantique.

Pour ce dernier service, on prévoit l'agrandissement du port en eau profonde à l'abri d'un nouvelle jetée de 2 300 mètres de longueur s'enracinant sur la falaise de la Crèche, au Nord de Boulogne. Cette jetée constituerait donc avec la digue Carnot une rade bien fermée où l'on accèderait par une passe de 500 mètres de largeur.

La dépense du projet d'ensemble est évaluée à 40 millions dans lesquels il serait difficile d'obtenir la participation de l'État; aussi la Chambre de Commerce a-t-elle songé à concéder le port extérieur à une personne ou à une Société qui exécuterait les travaux et en assurerait l'exploitation.

Les dépenses du port extérieur (30 millions) seraient couvertes par des taxes à prélever sur les Compagnies de navigation transatlantique et qui, d'après les promesses faites, donneraient annuellement un produit net de 1 300 000 francs.

Il est à souhaiter que la Chambre de Commerce arrive à surmonter les nombreuses difficultés qui se présentent et qu'elle réalise la première application, en France, d'une grande concession de travaux et d'exploitation qui fera de la rade de Boulogne un excellent port d'escale.

ROUEN (Fasc. 4). — Dans une note succincte, M. Desmonts, secrétaire-membre de la Chambre de Commerce de Rouen, donne un exposé des projets d'extension qui ont été soumis aux Pouvoirs Publics, pour mettre le port à hauteur de l'important trafic qui s'y est développé.

Le programme de ces travaux, évalués à 121 millions, serait exécuté en 25 ans.

Ces travaux comporteraient la construction de bassins et de quais d'une longueur totale de 6.045 mètres, avec 9 mètres de mouillage en basses eaux. Divers aménagements dans le port, parmi lesquels une forme de radoub de 150 mètres sur 22 mètres accessible en tout état de marée aux navires calant 8 mètres. L'approfondissement, à 8 mètres de mouillage minimum, de la Seine devant Rouen et en aval jusqu'à l'embouchure de la Risle, en même temps que la rectification ou la réfection des digues de protection des rives, destinées à assurer le maintien des profondeurs draguées. Enfin la continuation des digues de l'estuaire et les dragages pour obtenir un mouillage minimum de 8 mètres depuis le confluent de la Risle jusqu'à la mer.

L'Administration a mis à l'instruction ces projets, mais elle a disjoint toutefois les améliorations de l'estuaire, en attendant les résultats produits par le prolongement des digues de la Seine et par la construction de la digue d'enceinte des nouveaux travaux en cours.

Toutes ces améliorations et extensions sont nécessaires. Le coefficient d'utilisation des quais a atteint le chiffre excessif de 800 tonnes, les nouveaux quais permettront de le faire descendre à 660. D'autre part ,les travaux en Seine ouvriront à tous les navires de 8 mètres de tirant d'eau l'accès au port de Rouen, par tout état de la marée. Le trafic considérable de 4.690.000 tonnes atteint en 1911, justifie bien ces sacrifices.

BREST. — (Fasc. 5). — Monsieur Claude Casimir Périer dans une communication intitulée « Brest-Port transatlantique » et M. Paul Cloarec, député, dans une note sur « La rade de Brest et le trafic mondial » traitent l'un et l'autre la question de l'adaptation du port de Brest aux services commerciaux.

De nombreuses discussions se sont elevées à ce sujet, dans ces derniers temps. Il est certain que la position avancée de Brest à l'Extrème-Ouest de l'Europe Continentale semble désigner naturellement ce port comme le point de départ des traversées rapides vers l'Amérique.

Brest est, en effet, à 2 954 milles de New-York, tandis que le Havre en est à 3 130 milles. De plus, la rade de Brest se prête admirablement à l'installation d'un grand port de commerce par son étendue considérable, les grands fonds qu'elle présente, l'absence de courants susceptibles de l'ensabler et les profondeurs exceptionnelles de ses abords.

Malheureusement, de très graves inconvénients viennent compenser ces avantages. Les brumes sont fréquentes autour de Brest et en rendent l'accès dangereux; les marins redoutent ces parages et il n'est pas certain que les Compagnies de navigation consentiraient à y risquer la vie des nombreux passagers qu'elles transportent et la somme énorme que représente la perte d'un navire comme ceux qui font actuellement les voyages transatlantiques. L'installation de signaux sonores et hertziens rendront certainement l'accès de la rade moins périlleux, mais, même si elle supprimait tout danger, elle ne pourrait éviter la perte de temps due au ralentissement forcé de la marche du navire.

D'ailleurs, la diminution de durée de voyage par Brest ne serait pas telle qu'elle doit faire passer sur les inconvénients de l'accès de la rade. Brest est à 624 km. de Paris tandis que le Havre n'en est qu'à 228 km. En supposant une vitesse commerciale de 78 km. et en admettant, pour le navire une marche à 20 nœuds, le voyage par Brest durerait 155 h. 40', tandis que celui par le Havre serait de

159 h. 25', soit une différence de 3 h. 45. Cette différence s'atténue-rait encore si on calculait la durée du voyage avec les vitesses de la *Provence* (21 nœuds) ou de la *Lusitania* (24 nœuds).

Admettons cependant que l'on puisse rendre l'accès de Brest parfaitement sûr en tous temps, que, par l'amélioration des voies ferrées, on réduise le temps du voyage par terre, on n'aura pas fait de Brest un port de commerce, quelles que soient les installations qu'on y ait prodiguées. Un port de commerce ne vit pas par les passagers; il lui faut un trafic important de marchandises pour subvenir à ses dépenses.

Or, il n'existe, autour de Brest, aucun hinterland industriel et, par conséquent, aucun trafic local à satisfaire. Aucune voie navigable n'y conduit économiquement les marchandises. Celles qui vien-draient s'embarquer à Brest, ou y débarquer, auraient à subir un transport par chemin de fer, prohibitif pour la plupart d'entre elles. Bien peu en prendraient le chemin.

On est donc obligé de conclure que, quoique la rade de Brest se présente remarquablement à l'installation d'un port de commerce, toutes les dépenses qui y seraient faites, quoique réduites par la disposition naturelle du port, seraient improductives.

Il est donc à désirer que tout l'effort du pays se porte sur un point où le courant commercial est déjà établi et est destiné à aug-menter sans cesse avec les facilités plus grandes qui lui seront don-nées. C'est donc sur le Havre que doit se reporter toute la sollicitude des pouvoirs publics.

La Rochelle-Pallice. — M. Morch, Président de la Chambre de Commerce de la Rochelle, donne dans une note, un aperçu de la situation de la Rochelle et des projets relatifs à La Pallice.

Le programme d'ensemble des travaux projetés à La Pallice est très large et comprend trois étapes.

La première étape consisterait dans la transformation de l'avant projet actuel du bassin de marée, avec construction d'un môle de protection de l'entrée.

Dans la deuxième étape, le môle serait transformé en quai d'escale accessible aux navires de 10 à 12 mètres de tirant d'eau. On prévoit également un engin de radoub pour ces navires.

La troisième étape comprendrait la création d'un vaste avant-port en eau profonde et celle d'un grand bassin de marée au nord des établissements actuels de La Pallice.

L'indication de ces projets figure dans une planche hors texte à la fin du rapport de M. Morch.

La dépense relative à la première étape qui seule a été soumise à l'examen des Pouvoirs Publics est estimée à 22.400.000 francs dans lesquels l'Etat et la Chambre de Commerce participeront pour moitié.

Les Ports Militaires, La Pallice. — Au moment de mettre sous presse, nous recevons le rapport que M. de Lanessan nous avait annoncé.

Ces circonstances nous ont empêché de donner ici une analyse de son travail. Nous le regrettons d'autant plus vivement que nous sommes persuadés que son rapport doit être très intéressant, en raison du sujet traité, et aussi de la compétence toute spéciale de son auteur.

Caen. — Communication non imprimée. La Chambre de Commerce de cette ville nous a adressé une intéressante brochure intitulée « Le Port de Caen et les Mines de Fer de Basse-Normandie, par M. Y. Lemarec ». Nous regrettons que l'abondance des matières ne nous ait point permis de donner à cette question la place qu'elle mérite en publiant cette brochure in-extenso.

Nous allons donc en donner un résumé succinct :

Parmi les ports français, Caen figure dans un rang fort honorable. — Le trafic des marchandises exportées et importées a atteint en 1911, 938.000 tonnes sur lesquelles 338.000 proviennent de l'exportation des minerais de fer de la Basse-Normandie et 510.000 tonnes de l'importation des houilles anglaises ou allemandes qui sont consommées dans un arrière pays comprenant les départements du Calvados, de l'Orne et une partie de ceux de la Manche, de la Mayenne, de la Sarthe et de l'Eure-et-Loir.

Les quelques chiffres du tableau suivant permettront de se rendre compte de l'accroissement rapide du trafic.

TONNAGE DES MARCHANDISES

Années	Importations	Exportations	Totaux
1865	133.557 T.	72.120 T.	205.677 T.
1880	271.531	51.601	323.132
1900	421.701	146.449	568.150
1911	589.861	347.970	937.831

L'avenir de Caen tient surtout à la mise en valeur du bassin minier, qui fournit aux navires fréquentant le port un frêt de retour lourd et abondant.

L'auteur en conclut qu'il importe de mettre le port en mesure de répondre aux besoins actuels et futurs en améliorant ses relations avec l'intérieur par exemple, en doublant, comme le demandent les Chambre de Commerce de Caen. et de Flers, la ligne de Caen à Laval qui dessert le pays minier et ne tardera pas à devenir insuffisant. Ces questions sont plutôt du ressort de la 3ᵉ section.

ALGER ET ORAN (fascicule spécial, sections 1, 3 et 5.. M. Bérard, Lieutenant de vaisseau en retraite, nous adresse une courte note qui participe également de la 1ʳ et de la 3ᵉ section, et il attire l'attention du Congrès sur la situation des deux ports d'Alger et d'Oran, qui ne suffisent plus à leur trafic.

Dans plusieurs autres communications qu'il n'a pas cru devoir mettre sous forme de rapport et dans un bulletin de la Chambre de Commerce d'Alger, qu'il a eu l'obligeance de nous envoyer M. Bérard nous donne des renseignements intéressants que nous résumons ci-dessous :

Le mouvements des marchandises du Port d'Alger a été de 2 300 000 tonnes en 1911. — La longueur de quais utilisables est de 4 636 mètres, ce qui donne donc un coefficient d'utilisation de plus de .60 tonnes par mètre courant.

Cependant la plupart des navires ne trouvant pas de place à quai, l'exploitation se fait par acconage au moyen de chalands sur lesquels on transborde les marchandises. — Ce procédé admissible dans une certaine mesure pour le charbon est trop coûteux pour les marchandises en général.

Pour remédier à cet état de choses, l'Administration a étudié un vaste projet d'extension vers le Sud-Est, par la création de deux grands bassins pourvus de môles inclinés, présentant une disposition très favorable au dégagement des bateaux et des voies ferrées. — Le port serait complété par un avant-port de 115 hectares qui lui est absolument indispensable pour le soustraire à l'action du ressac et qui constituerait pour notre escadre de la Méditerranée, un abri où elle pourrait se ravitailler en charbon.

Ces travaux d'extension seraient réalisés en deux étapes :

La première aurait pour but de donner au port 5 168 mètres de nouveaux quais avec mouillages variant de 5 mètres à 12 mètres, 195 hectares de surface d'eau et 115 hectares de terre-pleins.

A l'achèvement de la 1ʳ étape, le port d'Alger disposerait donc de près de 10.000 mètres de quai, 310 hectares de surface d'eau et pourrait ainsi assurer aisément un trafic de 4 000 000 de tonnes de marchandises.

A la fin de la 2ᵉ étape, la longueur totale des quais serait de 14 km. 5. — La surface d'eau 370 hectares, ce qui permettrait d'assurer un trafic de 7.000.000 tonnes.

La dépense prévue est de 103 millions pour l'ensemble du projet, dont 55 millions pour les travaux de la première étape, seraient couverts de la façon suivante :

Le département de la Marine donnerait une subvention de 8 millions. — La Colonie 20 millions. — Pour le reste, la Chambre de Commerce demande l'autorisation de contracter un emprunt de 42 millions à 4 ½ % amortissables en 75 ans, comprenant 39 millions pour les travaux et 3 millions pour le service de l'emprunt, pendant la période de construction.

La Chambre de Commerce demande également la concession des terre-pleins créés, dont le revenu annuel évalué à 2 100 000 francs, servirait à gager les charges de l'emprunt.

Le port d'Alger est appelé à un avenir très brillant ; au point de vue commercial, il est le principal débouché d'une grande partie de notre Empire Africain du Nord, son trafic augmentera rapidement avec le perfectionnement de son outillage.

Au point de vue militaire, la création de l'avant-port, offrant un abri sûr à notre flotte est d'un intérêt capital pour le 3ᵉ point d'appui de notre flotte dans la Méditerranée.

A Oran qui est appelé également à devenir le port de transit du Maroc Oriental, le trafic est encore plus gêné qu'à Alger. — Au moment des récoltes, l'encombrement des quais est extrême, il est arbsolument indispensable de créer des terre-pleins nouveaux, mais la disposition des lieux est peu favorable à des extensions. — Il est donc à désirer qu'un projet soit mis à l'étude et soumis le plus rapidement possible à l'approbation des Pouvoirs Publics.

2ᵉ GROUPE

OUTILLAGE DES PORTS (Fasc. 8). — M. Viguerie présente au Congrès, une étude complète de la disposition générale des ports, quais, bassins et de l'outillage. — Il montre la nécessité d'établir une classification des ports suivant la nature du trafic. La tendance à la spécialisation a conduit à la construction de ces grands cargos qui ne transportent qu'une seule sorte de marchandises, de même on devra spécialiser les différentes parties des ports, ce qui permettra de les pourvoir d'un outillage de manutention et de déchargement approprié au service qu'on en attend.

M. Viguerie termine par une vue générale de l'Outillage d'entretien et des gros engins.

Étude comparée de l'Outillage des Ports Français et des Ports Etrangers (Fasc. 9). - - Dans une intéressante étude, MM. Laroche, Ingénieur des Ponts et Chaussées et Pobeguin, Ingénieur des Constructions Civiles, donnent neuf tableaux où figurent, côte à côte, les données relatives à des ports français et à des ports étrangers, présentant entre eux quelques analogies. Ils n'ont point la prétention de tirer de ces chiffres des conclusions rigoureuses, mais il est permis d'en déduire un certain nombre de remarques qui ont leur intérêt, surtout que la France doit développer ses installations maritimes pour se tenir à la hauteur de ses concurrences étrangères.

Il est d'ailleurs difficile de donner un résumé quelconque de ce travail très court qui met surtout en jeu l'éloquence des chiffres.

A. MAURY.

Paris, 5 novembre 1912.